Pollution and Environment

కాలుష్యం మరియు పర్యావరణం

Chalam

Table of contents

The causes and effects of climate change

The impact of climate change on pollution

Climate change mitigation and adaptation strategies

Chapter 1: Introduction to Pollution and the Environment

Chapter 1: కాలుష్యం మరియు పర్యావరణానికి పరిచయం

పర్యావరణం మరియు కాలుష్యం పరిచయం

పర్యావరణం అనేది మన చుట్టూ ఉన్న ప్రత్యక్ష మరియు పరోక్ష ప్రభావాలు కలిగించే అన్ని భౌతిక, రసాయన మరియు జీవ అంశాల సమితిని సూచిస్తుంది. ఇది మనం ఊపిరి పీల్చుకునే గాలి, మనం తాగే నీరు, మనం తినే ఆహారం మరియు మనం నివసించే ప్రదేశాలను కలిగి ఉంటుంది. పర్యావరణం మనకు ఆవాసం, ఆహారం, నీరు, ఔషధాలు మరియు ఇతర అవసరాలను అందజేస్తుంది.

కాలుష్యం అనేది పర్యావరణానికి హాని కలిగించే అవాంఛనీయ మార్పులను సూచిస్తుంది. ఇది మానవ ఆరోగ్యం, మొక్కల పెరుగుదల మరియు జంతు జీవితానికి హాని కలిగిస్తుంది. కాలుష్యం సహజంగా లేదా మానవ కార్యకలాపాల ఫలితంగా సంభవించవచ్చు.

కాలుష్యం రకాలు

కాలుష్యాన్ని వివిధ మార్గాల్లో వర్గీకరించవచ్చు. ఒక మార్గం దాని భౌతిక స్థితి ద్వారా:

వాయు కాలుష్యం: గాలిలోకి విడుదలయ్యే హానికరమైన పదార్థాల వల్ల వాయు కాలుష్యం సంభవిస్తుంది. ఇందులో కార్బన్ మోనాక్సైడ్, సల్ఫర్ డయాక్సైడ్, నైట్రోజన్ డయాక్సైడ్, ఓజోన్ మరియు పార్టిక్యులేట్ మ్యాటర్ వంటి పదార్థాలు ఉన్నాయి.

నీటి కాలుష్యం: నీటిలోకి విడుదలయ్యే హానికరమైన పదార్థాల వల్ల నీటి కాలుష్యం సంభవిస్తుంది. ఇందులో రసాయనాలు, బ్యాక్టీరియా, వైరస్‌లు మరియు సీసం వంటి లోహాలు ఉన్నాయి.

నేల కాలుష్యం: నేలలోకి విడుదలయ్యే హానికరమైన పదార్థాల వల్ల నేల కాలుష్యం సంభవిస్తుంది. ఇందులో పురుగుమందులు, పారిశ్రామిక వ్యర్థాలు మరియు చెత్త ఉన్నాయి.

కాలుష్యాన్ని వర్గీకరించడానికి మరొక మార్గం దాని మూలం ద్వారా:

బిందు కాలుష్యం: ఒక నిర్దిష్ట ప్రదేశం నుండి వచ్చే కాలుష్యాన్ని బిందు కాలుష్యం అంటారు. ఇందులో ప smokestacks, ఫ్యాక్టరీలు మరియు వాహనాల నుండి వచ్చే కాలుష్యం ఉన్నాయి.

విస్తరించిన కాలుష్యం: విస్తృత ప్రాంతం నుండి వచ్చే కాలుష్యాన్ని విస్తరించిన కాలుష్యం అంటారు. ఇందులో వ్యవసాయ రసాయనాల వాడకం మరియు కార్బన్ డయాక్సైడ్ వంటి గ్రీన్‌హౌస్ వాయువుల ఉద్గారాలు ఉన్నాయి.

కాలుష్యం యొక్క ప్రభావాలు

కాలుష్యం మానవ ఆరోగ్యం, మొక్కల పెరుగుదల మరియు జంతు జీవితానికి తీవ్రమైన ప్రభావాలను కలిగిస్తుంది.

మానవ ఆరోగ్యం: కాలుష్యం శ్వాసకోశ వ్యాధులు, గుండె జబ్బులు, క్యాన్సర్ మరియు ఇతర తీవ్రమైన ఆరోగ్య సమస్యలకు

కాలుష్యం అంటే ఏమిటి?

పర్యావరణానికి హాని కలిగించే అవాంఛనీయ మార్పులను కాలుష్యం అంటారు. ఇది మానవ ఆరోగ్యం, మొక్కల పెరుగుదల మరియు జంతు జీవితానికి హాని కలిగిస్తుంది. కాలుష్యం సహజంగా లేదా మానవ కార్యకలాపాల ఫలితంగా సంభవించవచ్చు.

కాలుష్యం రకాలు

కాలుష్యాన్ని వివిధ మార్గాల్లో వర్గీకరించవచ్చు. ఒక మార్గం దాని భౌతిక స్థితి ద్వారా:

- వాయు కాలుష్యం: గాలిలోకి విడుదలయ్యే హానికరమైన పదార్థాల వల్ల వాయు కాలుష్యం సంభవిస్తుంది. ఇందులో కార్బన్ మోనాక్సైడ్, సల్ఫర్ డయాక్సైడ్, నైట్రోజన్ డయాక్సైడ్, ఓజోన్ మరియు పార్టిక్యులేట్ మ్యాటర్ వంటి పదార్థాలు ఉన్నాయి.
- నీటి కాలుష్యం: నీటిలోకి విడుదలయ్యే హానికరమైన పదార్థాల వల్ల నీటి కాలుష్యం సంభవిస్తుంది. ఇందులో రసాయనాలు, బ్యాక్టీరియా, వైరస్లు మరియు సీసం వంటి లోహాలు ఉన్నాయి.
- నేల కాలుష్యం: నేలలోకి విడుదలయ్యే హానికరమైన పదార్థాల వల్ల నేల కాలుష్యం సంభవిస్తుంది. ఇందులో పురుగుమందులు, పారిశ్రామిక వ్యర్థాలు మరియు చెత్త ఉన్నాయి.

కాలుష్యాన్ని వర్గీకరించడానికి మరొక మార్గం దాని మూలం ద్వారా:

- బిందు కాలుష్యం: ఒక నిర్దిష్ట ప్రదేశం నుండి వచ్చే కాలుష్యాన్ని బిందు కాలుష్యం అంటారు. ఇందులో ప smokestacks, ఫ్యాక్టరీలు మరియు వాహనాల నుండి వచ్చే కాలుష్యం ఉన్నాయి.
- విస్తరించిన కాలుష్యం: విస్తృత ప్రాంతం నుండి వచ్చే కాలుష్యాన్ని విస్తరించిన కాలుష్యం అంటారు. ఇందులో వ్యవసాయ రసాయనాల వాడకం మరియు కార్బన్ డయాక్సైడ్ వంటి గ్రీన్హౌస్ వాయువుల ఉద్ధారాలు ఉన్నాయి.

కాలుష్యం యొక్క ప్రభావాలు

కాలుష్యం మానవ ఆరోగ్యం, మొక్కల పెరుగుదల మరియు జంతు జీవితానికి తీవ్రమైన ప్రభావాలను కలిగిస్తుంది.

మానవ ఆరోగ్యం: కాలుష్యం శ్వాసకోశ వ్యాధులు, గుండె జబ్బులు, క్యాన్సర్ మరియు ఇతర తీవ్రమైన ఆరోగ్య సమస్యలకు దారితీయవచ్చు. పిల్లలు, వృద్ధులు మరియు ఇతర దీర్ఘకాలిక వ్యాధులు ఉన్నవారు కాలుష్యం ప్రభావాలకు ఎక్కువగా గురవుతారు.

మొక్కల పెరుగుదల: కాలుష్యం మొక్కల పెరుగుదలను తగ్గించవచ్చు మరియు మరణానికి కూడా దారితీయవచ్చు.

కాలుష్యాన్ని వివిధ మార్గాల్లో వర్గీకరించవచ్చు. ఒక మార్గం దాని భౌతిక స్థితి ద్వారా:

- వాయు కాలుష్యం: గాలిలోకి విడుదలయ్యే హానికరమైన పదార్థాల వల్ల వాయు కాలుష్యం సంభవిస్తుంది. ఇందులో కార్బన్ మోనాక్సైడ్, సల్ఫర్ డయాక్సైడ్, నైట్రోజన్ డయాక్సైడ్, ఓజోన్ మరియు పార్టిక్యులేట్ మ్యాటర్ వంటి పదార్థాలు ఉన్నాయి.

- నీటి కాలుష్యం: నీటిలోకి విడుదలయ్యే హానికరమైన పదార్థాల వల్ల నీటి కాలుష్యం సంభవిస్తుంది. ఇందులో రసాయనాలు, బ్యాక్టీరియా, వైరస్లు మరియు సీసం వంటి లోహాలు ఉన్నాయి.

- నేల కాలుష్యం: నేలలోకి విడుదలయ్యే హానికరమైన పదార్థాల వల్ల నేల కాలుష్యం సంభవిస్తుంది. ఇందులో పురుగుమందులు, పారిశ్రామిక వ్యర్థాలు మరియు చెత్త ఉన్నాయి.

కాలుష్యాన్ని వర్గీకరించడానికి మరొక మార్గం దాని మూలం ద్వారా:

- బిందు కాలుష్యం: ఒక నిర్దిష్ట ప్రదేశం నుండి వచ్చే కాలుష్యాన్ని బిందు కాలుష్యం అంటారు. ఇందులో ప smokestacks, ఫ్యాక్టరీలు మరియు వాహనాల నుండి వచ్చే కాలుష్యం ఉన్నాయి.

- విస్తరించిన కాలుష్యం: విస్తృత ప్రాంతం నుండి వచ్చే కాలుష్యాన్ని విస్తరించిన కాలుష్యం అంటారు. ఇందులో వ్యవసాయ రసాయనాల వాడకం మరియు కార్బన్ డయాక్సైడ్ వంటి గ్రీన్హౌస్ వాయువుల ఉద్గారాలు ఉన్నాయి.

కాలుష్యం యొక్క ప్రభావాలు

కాలుష్యం మానవ ఆరోగ్యం, మొక్కల పెరుగుదల మరియు జంతు జీవితానికి తీవ్రమైన ప్రభావాలను కలిగిస్తుంది.

మానవ ఆరోగ్యం: కాలుష్యం శ్వాసకోశ వ్యాధులు, గుండె జబ్బులు, క్యాన్సర్ మరియు ఇతర తీవ్రమైన ఆరోగ్య సమస్యలకు దారితీయవచ్చు. పిల్లలు,

వృద్ధులు మరియు ఇతర దీర్ఘకాలిక వ్యాధులు ఉన్నవారు కాలుష్యం ప్రభావాలకు ఎక్కువగా గురవుతారు.

మొక్కల పెరుగుదల: కాలుష్యం మొక్కల పెరుగుదలను తగ్గించవచ్చు మరియు మరణానికి కూడా దారితీయవచ్చు. కాలుష్యం మొక్కల ఆకులను దెబ్బతీయవచ్చు మరియు వాటి పోషకాలను తగ్గించవచ్చు. ఇది మొక్కల రోగనిరోధక శక్తిని బలహీనపరుస్తుంది మరియు వాటిని తెగులు మరియు వ్యాధులకు ఎక్కువగా గురిచేస్తుంది.

జంతు జీవితం: కాలుష్యం జంతువుల ఆరోగ్యాన్ని మరియు జనాభాను కూడా ప్రభావితం చేస్తుంది. కాలుష్యం వల్ల జంతువులు శ్వాసకోశ సమస్యలు, గుండె జబ్బులు, క్యాన్సర్ మరియు ఇతర తీవ్రమైన ఆరోగ్య సమస్యలకు గురవుతాయి.

పర్యావరణం మరియు మానవ ఆరోగ్యంపై కాలుష్య ప్రభావం

కాలుష్యం అనేది పర్యావరణం యొక్క సహజ స్థితిని దాని సాధారణ స్థాయి నుండి మార్చే ఏదైనా పదార్థం లేదా శక్తి. ఇది వాయువులు, ద్రవాలు, ఘన పదార్థాలు లేదా శబ్దం రూపంలో ఉండవచ్చు. కాలుష్యం సహజ వనరులు, జంతువులు మరియు మొక్కల జీవితం మరియు మానవ ఆరోగ్యాన్ని ప్రభావితం చేస్తుంది.

పర్యావరణంపై కాలుష్య ప్రభావం

- వాయు కాలుష్యం: వాయు కాలుష్యం అనేది వాతావరణంలోకి విడుదలయ్యే హానికరమైన వాయువుల వల్ల కలుగుతుంది. ఇది ఆమ్ల వర్షం, పొగమంచు మరియు జాబితాను కలిగిస్తుంది. వాయు కాలుష్యం జంతువులు మరియు మొక్కల జీవితానికి హానికరం మరియు పర్యావరణ వ్యవస్థలకు విఘాతం కలిగిస్తుంది.

- జల కాలుష్యం: జల కాలుష్యం అనేది నీటి వనరులలోకి హానికరమైన పదార్థాల విడుదల వల్ల కలుగుతుంది. ఇది పారిశ్రామిక వ్యర్థాలు, మురుగునీరు మరియు వ్యవసాయ రసాయనాలు వల్ల కలుగుతుంది. జల కాలుష్యం మానవ ఆరోగ్యానికి హానికరం మరియు జల జీవితానికి విఘాతం కలిగిస్తుంది.

- భూమి కాలుష్యం: భూమి కాలుష్యం అనేది భూమిలోకి హానికరమైన పదార్థాల విడుదల వల్ల కలుగుతుంది. ఇది పారిశ్రామిక వ్యర్థాలు, మురుగునీరు మరియు వ్యవసాయ రసాయనాలు వల్ల కలుగుతుంది. భూమి కాలుష్యం మానవ ఆరోగ్యానికి హానికరం మరియు పంటల పెరుగుదలను ప్రభావితం చేస్తుంది.

మానవ ఆరోగ్యంపై కాలుష్య ప్రభావం

కాలుష్యం మానవ ఆరోగ్యంపై తీవ్రమైన ప్రభావాలను కలిగిస్తుంది. ఇది శ్వాసకోశ సమస్యలు, హృదయ సమస్యలు, క్యాన్సర్ మరియు ఇతర అనారోగ్య సమస్యలకు దారితీయవచ్చు.

- శ్వాసకోశ సమస్యలు: వాయు కాలుష్యం శ్వాసకోశ సమస్యలకు దారితీస్తుంది, chẳng hạn as ఆస్తమా, బ్రాంకైటిస్ మరియు న్యుమోనియా. ఇది కూడా శ్వాసకోశ క్యాన్సర్‌కు కారణమవుతుంది.

- హృదయ సమస్యలు: వాయు కాలుష్యం హృదయ సమస్యలకు, chẳng hạn as గుండెపోటు, స్ట్రోక్ మరియు గుండె జబ్బుకు దారితీస్తుంది.

- క్యాన్సర్: వాయు కాలుష్యం, జల కాలుష్యం మరియు భూమి కాలుష్యం అన్నింటికీ క్యాన్సర్‌కు కారణమవుతాయి.

- ఇతర అనారోగ్య సమస్యలు: కాలుష్యం ఇతర అనారోగ్య సమస్యలకు కూడా దారితీయవచ్చు, chẳng hạn as చర్మ సమస్యలు, జీర్ణ సమస్యలు మరియు నరాల సమస్యలు.

పర్యావరణ పరిరక్షణ యొక్క ప్రాముఖ్యత

పర్యావరణ పరిరక్షణ అంటే మన చుట్టూ ఉండే ప్రకృతిని కాపాడటం. ఇందులో మొక్కలు, జంతువులు, నీరు, గాలి, నేల మొదలైనవి అన్నీ ఉన్నాయి. పర్యావరణ పరిరక్షణ అనేది మనందరికి చాలా ముఖ్యమైనది. ఎందుకంటే, మనం పర్యావరణం మీద ఆధారపడి జీవిస్తున్నాం. పర్యావరణం మనకు ఆహారం, నీరు, గాలి, ఔషధాలు, నివాస స్థలం, మొదలైనవన్నీ అందిస్తుంది.

పర్యావరణానికి హాని కలిగితే, మన జీవితాలకు కూడా ప్రమాదం ఉంటుంది. ఉదాహరణకు, మనం చెట్లను నరిస్తే, వర్షాలు పడవు. వర్షాలు పడకపోతే, పంటలు పండవు. పంటలు పండకపోతే, మనకు ఆహారం దొరకదు. అలాగే, మనం నీటిని కలుషితం చేస్తే, అనారోగ్యం వస్తుంది. గాలిని కలుషితం చేస్తే, శ్వాస సమస్యలు వస్తాయి. నేలను కలుషితం చేస్తే, పంటలు పండవు. అందువల్ల, పర్యావరణ పరిరక్షణ చాలా ముఖ్యం.

పర్యావరణానికి హాని కలిగించే అనేక కారకాలు ఉన్నాయి. అందులో కొన్ని:

- చెట్లను నరికేయడం
- నీటిని, గాలిని, నేలను కలుషితం చేయడం
- అతిగా వ్యర్థాలు పడేయడం
- పురుగుమందులు, ఎరువులను అతిగా వాడడం
- జనాభా పెరుగుదల
- అభివృద్ధి కార్యక్రమాలు

పర్యావరణ పరిరక్షణకు మనం అందరం కలిసి కృషి చేయాలి. మనం చేయగలిగిన కొన్ని చర్యలు:

- చెట్లు నాటడం
- నీటిని, గాలిని, నేలను కలుషితం చేయకుండా ఉండడం
- వ్యర్థాలను తగ్గించడం, పునర్వినియోగించడం, రీసైకిల్ చేయడం
- పురుగుమందులు, ఎరువులను అతిగా వాడకుండో ఉండడం

- జనాభా నియంత్రణ
- సుస్థిరాభివృద్ధి కార్యక్రమాలను అమలు చేయడం

పర్యావరణ పరిరక్షణకు మనం అందరం కలిసి కృషి చేస్తే, మన భవిష్యత్తు తరాలకు మంచి పర్యావరణాన్ని అందించగలం.

పర్యావరణ పరిరక్షణ యొక్క ప్రయోజనాలు

- పర్యావరణ పరిరక్షణ మన ఆరోగ్యాన్ని కాపాడుతుంది.
- పర్యావరణ పరిరక్షణ మనకు ఆహారం, నీరు, గాలి, ఔషధాలు, నివాస స్థలం మొదలైనవన్నీ అందిస్తుంది.
- పర్యావరణ పరిరక్షణ వాతావరణ మార్పులను నిరోధించడంలో సహాయపడుతుంది.
- పర్యావరణ పరిరక్షణ జీవవైవిధ్యాన్ని కాపాడుతుంది.
- పర్యావరణ పరిరక్షణ మన ఆర్థిక వ్యవస్థకు మేలు చేస్తుంది.

Chapter 2: Air Pollution

Chapter 1: వాయు కాలుష్యం

వాయు కాలుష్యం అనేది వాతావరణంలోకి విడుదలయ్యే కాలుష్య కారకాల వల్ల ఏర్పడే గాలి నాణ్యతలో క్షీణత. ఈ కాలుష్య కారకాలు వాహనాల నుండి వెలువడే పొగ, పారిశ్రామిక కర్మాగారాల నుండి వెలువడే పొగ, చెత్త సామాగ్రిని తగులబెట్టడం వల్ల ఏర్పడే పొగ, ధూళి, పునరుత్పాదక ఇంధనాలను తగలబెట్టడం వల్ల ఏర్పడే పొగ మొదలైనవి.

వాయు కాలుష్యం మానవ ఆరోగ్యంపై తీవ్ర ప్రభావం చూపుతుంది. ఇది శ్వాసకోశ సంబంధిత సమస్యలు, హృదయ సంబంధిత సమస్యలు, క్యాన్సర్ మొదలైన ప్రాణాంతక వ్యాధులకు దారితీస్తుంది. వాయు కాలుష్యం పర్యావరణంపై కూడా ప్రతికూల ప్రభావం చూపుతుంది. ఇది ఆమ్ల వర్షం, వాతావరణ మార్పులకు దారితీస్తుంది.

వాయు కాలుష్యం యొక్క ప్రధాన కారణాలు

- వాహనాల నుండి వెలువడే పొగ

- పారిశ్రామిక కర్మాగారాల నుండి వెలువడే పొగ

- చెత్త సామాగ్రిని తగులబెట్టడం వల్ల ఏర్పడే పొగ

- ధూళి

- పునరుత్పాదక ఇంధనాలను తగలబెట్టడం వల్ల ఏర్పడే పొగ

వాయు కాలుష్యం యొక్క ప్రధాన ప్రభావాలు

- శ్వాసకోశ సంబంధిత సమస్యలు: వాయు కాలుష్యం వల్ల శ్వాసకోశ సంబంధిత సమస్యలు, ఉదాహరణకు ఆస్తమా, బ్రాంకైటిస్, న్యుమోనియా మొదలైనవి వచ్చే ప్రమాదం ఉంటుంది.

- హృదయ సంబంధిత సమస్యలు: వాయు కాలుష్యం వల్ల హృదయ సంబంధిత సమస్యలు, ఉదాహరణకు గుండెపోటు, స్ట్రోక్ మొదలైనవి వచ్చే ప్రమాదం ఉంటుంది.

- క్యాన్సర్: వాయు కాలుష్యం వల్ల క్యాన్సర్ వచ్చే ప్రమాదం ఉంటుంది.

- ఇతర ప్రభావాలు: వాయు కాలుష్యం వల్ల ఇతర ప్రభావాలు, ఉదాహరణకు తలనొప్పి, కళ్ళు మంట, చర్మ సమస్యలు, గర్భిణీ స్త్రీలకు ప్రసవ సమస్యలు మొదలైనవి వచ్చే ప్రమాదం ఉంటుంది.

వాయు కాలుష్యం నియంత్రణ

వాయు కాలుష్యం నియంత్రించడానికి ప్రభుత్వాలు మరియు ప్రజలు కలిసి కృషి చేయాలి. ప్రభుత్వాలు వాయు కాలుష్య నియంత్రణ చట్టాలు చేయాలి మరియు వాటిని అమలు చేయాలి. వాయు కాలుష్య కారకాలను విడుదల చేసే పరిశ్రమలపై నియంత్రణలు విధించాలి. వాహనాల నుండి వెలువడే పొగను తగ్గించడానికి చర్యలు తీసుకోవాలి. చెత్త సామాగ్రిని తగులబెట్టకుండా నిషేధించాలి.

వాయు కాలుష్యం యొక్క మూలాలు

వాయు కాలుష్యం అనేది వాతావరణంలోని గాలిని కలుషితం చేసే కాలుష్య కారకాల ఉనికి లేదా ప్రవేశం ద్వారా ఏర్పడుతుంది. ఈ కాలుష్య కారకాలు వాయుస్థితిలో, ద్రవ స్థితిలో లేదా ఘన స్థితిలో ఉండవచ్చు. వాయు కాలుష్యం ప్రకృతి సహజమైన లేదా మానవ చర్యల వల్ల ఏర్పడవచ్చు.

మానవ చర్యల వల్ల వచ్చే వాయు కాలుష్యం

* వాహనాల నుండి వచ్చే పొగ: వాహనాల నుండి వచ్చే పొగలో కార్బన్ మొనాక్సైడ్, నైట్రోజన్ ఆక్సైడ్లు, సల్ఫర్ డయాక్సైడ్, పార్టిక్యులేట్ మ్యాటర్ వంటి కాలుష్య కారకాలు ఉంటాయి.

* పరిశ్రమల నుండి వచ్చే పొగ: పరిశ్రమల నుండి వచ్చే పొగలో సల్ఫర్ డయాక్సైడ్, నైట్రోజన్ ఆక్సైడ్లు, పార్టిక్యులేట్ మ్యాటర్, విషవాయువులు వంటి కాలుష్య కారకాలు ఉంటాయి.

* విద్యుత్ ఉత్పత్తి కేంద్రాల నుండి వచ్చే పొగ: విద్యుత్ ఉత్పత్తి కేంద్రాల నుండి వచ్చే పొగలో సల్ఫర్ డయాక్సైడ్, నైట్రోజన్ ఆక్సైడ్లు, కార్బన్ డయాక్సైడ్ వంటి కాలుష్య కారకాలు ఉంటాయి.

* వ్యవసాయ కార్యకలాపాల నుండి వచ్చే దుమ్ము: వ్యవసాయ కార్యకలాపాలైన దుక్కి తగలబెట్టడం, పురుగుమందులు చల్లడం మొదలైన వాటి వల్ల దుమ్ము గాలిలోకి విడుదల అవుతుంది.

* ఇళ్లలో వంట చేయడం వల్ల వచ్చే పొగ: ఇళ్లలో వంట చేయడం వల్ల వచ్చే పొగలో కార్బన్ మొనాక్సైడ్, నైట్రోజన్ ఆక్సైడ్లు, పార్టిక్యులేట్ మ్యాటర్ వంటి కాలుష్య కారకాలు ఉంటాయి.

ప్రకృతి సహజంగా వచ్చే వాయు కాలుష్యం

* అగ్నిపర్వతాలు: అగ్నిపర్వతాలు పేలినప్పుడు సల్ఫర్ డయాక్సైడ్, కార్బన్ డయాక్సైడ్, పార్టిక్యులేట్ మ్యాటర్ వంటి కాలుష్య కారకాలు గాలిలోకి విడుదల అవుతాయి.

- ధూళి తుఫానులు: ధూళి తుఫానులు వచ్చినప్పుడు దుమ్ము గాలిలోకి విడుదల అవుతుంది.

- అడవులు కాలడం: అడవులు కాలినప్పుడు కార్బన్ డయాక్సైడ్, పార్టిక్యులేట్ మ్యాటర్ వంటి కాలుష్య కారకాలు గాలిలోకి విడుదల అవుతాయి.

వాయు కాలుష్యం ప్రభావాలు

వాయు కాలుష్యం మానవ ఆరోగ్యంపై తీవ్రమైన ప్రభావాలను చూపుతుంది. వాయు కాలుష్యం కారణంగా శ్వాస సంబంధిత వ్యాధులు, గుండె సంబంధిత వ్యాధులు, క్యాన్సర్ వంటి వ్యాధులు వచ్చే అవకాశం ఉంది.

వాయు కాలుష్యం మానవ ఆరోగ్యం మరియు పర్యావరణంపై ప్రభావాలు

వాయు కాలుష్యం అనేది గాలిలో కలుషిత పదార్థాల ఉనికి. ఈ పదార్థాలు ప్రజారోగ్యం మరియు పర్యావరణానికి హానికరమైనవి. వాయు కాలుష్యం అనేది ప్రపంచవ్యాప్త సమస్య, మరియు ఇది ప్రతి ఒక్కరిని ప్రభావితం చేస్తుంది.

వాయు కాలుష్యం వల్ల కలిగే ఆరోగ్య సమస్యలు

వాయు కాలుష్యం వల్ల కలిగే ఆరోగ్య సమస్యలలో కొన్ని ఇక్కడ ఉన్నాయి:

- శ్వాసకోశ సమస్యలు: వాయు కాలుష్యం ఆస్తమా, బ్రాంకైటిస్, ఊపిరితిత్తుల క్యాన్సర్ వంటి శ్వాసకోశ సమస్యలకు దారితీస్తుంది.
- హృదయ సంబంధ సమస్యలు: వాయు కాలుష్యం హార్ట్ ఎటాక్, స్ట్రోక్ మరియు గుండె జబ్బులకు దారితీస్తుంది.
- మెదడు సంబంధ సమస్యలు: వాయు కాలుష్యం అల్జీమర్స్ వ్యాధి, పార్కిన్సన్ వ్యాధి మరియు డిమెన్షియా వంటి మెదడు సంబంధ సమస్యలకు దారితీస్తుంది.
- క్యాన్సర్: వాయు కాలుష్యం ఊపిరితిత్తుల క్యాన్సర్, మూత్రపిండాల క్యాన్సర్ మరియు రక్త క్యాన్సర్ వంటి క్యాన్సర్లకు దారితీస్తుంది.
- ఇతర సమస్యలు: వాయు కాలుష్యం మధుమేహం, అకాల మరణం మరియు బరువు తక్కువగా పుట్టే పిల్లలకు దారితీస్తుంది.

వాయు కాలుష్యం పర్యావరణంపై ప్రభావాలు

వాయు కాలుష్యం పర్యావరణంపై కూడా ప్రభావం చూపుతుంది. ఈ ప్రభావాలలో కొన్ని ఇక్కడ ఉన్నాయి:

- అమ్ల వర్షం: వాయు కాలుష్యం సల్ఫర్ డయాక్సైడ్ మరియు నైట్రోజన్ ఆక్సైడ్ వంటి కాలుషితాలను విడుదల చేస్తుంది, ఇవి

వర్షపు నీటితో కలిసి ఆమ్ల వర్షానికి దారితీస్తాయి. ఆమ్ల వర్షం చెట్లు, నదులు మరియు సరస్సులకు హానికరం.

- భూతాపం: వాయు కాలుష్యం కార్బన్ డయాక్సైడ్ వంటి గ్రీన్‌హౌస్ వాయువులను విడుదల చేస్తుంది, ఇవి భూమి యొక్క వాతావరణాన్ని వేడి చేస్తాయి. ఈ వేడెక్కడం భూతాపానికి దారితీస్తుంది.

- పొగమంచు: వాయు కాలుష్యం విడుదల చేసే పొగ మరియు దుమ్ము పొగమంచు ఏర్పడటానికి దారితీస్తుంది. పొగమంచు వల్ల గాలి నాణ్యత తగ్గుతుంది మరియు ప్రజల ఆరోగ్యానికి హానికరం.

వాయు కాలుష్య నియంత్రణ చర్యలు

వాయు కాలుష్యం అనేది మన ఆరోగ్యానికి మరియు పర్యావరణానికి హానికరమైనది. ఇది శ్వాస సంబంధిత సమస్యలు, హృదయ సంబంధిత సమస్యలు, క్యాన్సర్ మరియు ఇతర అనారోగ్య సమస్యలకు దారితీస్తుంది. వాయు కాలుష్యం వల్ల మొక్కలు మరియు జంతువులు కూడా చనిపోతాయి.

వాయు కాలుష్య నియంత్రణకు అనేక చర్యలు తీసుకోవచ్చు. వాటిలో కొన్నింటిని ఇక్కడ పేర్కొనడం జరిగింది:

- వాహనాల పొగను తగ్గించడం: వాహనాల నుండి వెలువడే పొగ వాయు కాలుష్యంలో ప్రధాన పాత్ర పోషిస్తుంది. కాబట్టి, వాహనాల పొగను తగ్గించడం చాలా ముఖ్యం. దీనికోసం క్రింది చర్యలు తీసుకోవచ్చు:

    - పబ్లిక్ ట్రాన్స్‌పోర్ట్, సైకిల్ లేదా నడక ద్వారా ప్రయాణించడం.

    - వాహనాలను ఎప్పటికప్పుడు సర్వీస్ చేయించడం మరియు పొగ ఉద్ధారాలను తగ్గించేందుకు అవసరమైన మార్పులను చేయడం.

    - బిఎస్-6 వంటి తక్కువ పొగ ఉద్ధారాలను కలిగి ఉన్న వాహనాలను కొనుగోలు చేయడం.

- పారిశ్రామిక కాలుష్యాన్ని తగ్గించడం: పరిశ్రమలు కూడా వాయు కాలుష్యంలో ప్రధాన పాత్ర పోషిస్తాయి. కాబట్టి, పారిశ్రామిక కాలుష్యాన్ని తగ్గించడం చాలా ముఖ్యం. దీనికోసం క్రింది చర్యలు తీసుకోవచ్చు:

    - పరిశ్రమలకు పర్యావరణ అనుకూల టెక్నాలజీలను ఉపయోగించమని ప్రోత్సహించడం.

    - పరిశ్రమల నుండి వెలువడే పొగను ఫిల్టర్ చేయడం.

    - పరిశ్రమలను పట్టణాలకు దూరంగా ఏర్పాటు చేయడం.

- చెట్లను నాటడం: చెట్లు గాలిని శుద్ధి చేసి, వాయు కాలుష్యాన్ని తగ్గిస్తాయి. కాబట్టి, ఎక్కువ చెట్లను నాటడం చాలా ముఖ్యం.

- వ్యక్తిగత చర్యలు: వ్యక్తులు కూడా వాయు కాలుష్య నియంత్రణకు చర్యలు తీసుకోవచ్చు. వాటిలో కొన్నింటిని ఇక్కడ పేర్కొనడం జరిగింది:

  - పబ్లిక్ ట్రాన్స్‌పోర్ట్, సైకిల్ లేదా నడక ద్వారా ప్రయాణించడం.

  - వ్యక్తిగత వాహనాల ఉపయోగం తగ్గించడం.

  - ఇంటిలో పొగ ఉధారాలను కలిగించే పరికరాలను ఉపయోగించకపోవడం.

  - చెట్లు నాటడం మరియు మొక్కలను పెంచడం.

Chapter 3: Water Pollution

Chapter 3: నీటి కాలుష్యం

నీటి కాలుష్యం అనేది జల వనరులలోకి హానికరమైన పదార్థాల విడుదల వల్ల జల వనరుల నాణ్యత తగ్గడం. నీటి కాలుష్యం సహజంగా సంభవించవచ్చు, అయితే ఇది ప్రధానంగా మానవ కార్యకలాపాల వల్ల సంభవిస్తుంది. నీటి కాలుష్యం వివిధ రూపాల్లో సంభవించవచ్చు, వీటిలో రసాయన కాలుష్యం, బ్యాక్టీరియా కాలుష్యం, థర్మల్ కాలుష్యం మరియు సిల్ట్ కాలుష్యం ఉన్నాయి.

నీటి కాలుష్యానికి కారణాలు

నీటి కాలుష్యానికి కారణమయ్యే వివిధ మానవ కార్యకలాపాలు ఉన్నాయి, వీటిలో:

- పారిశ్రామిక వ్యర్థాలు: పరిశ్రమలు వివిధ రకాలైన రసాయనాలను ఉపయోగిస్తాయి, మరియు ఈ రసాయనాలు తరచుగా పారిశ్రామిక వ్యర్థాలలోకి విడుదల చేయబడతాయి. పారిశ్రామిక వ్యర్థాలు నదులు, చెరువులు మరియు భూగర్భ జలాలలోకి విడుదల చేయబడతాయి, మరియు ఇది నీటి కాలుష్యానికి దారితీస్తుంది.

- వ్యవసాయ వ్యర్థాలు: వ్యవసాయంలో పురుగుమందులు, herbicides మరియు ఎరువులు విస్తృతంగా ఉపయోగించబడతాయి. ఈ రసాయనాలు తరచుగా వర్షపు నీటితో కొట్టుకుపోయి నదులు, చెరువులు మరియు భూగర్భ జలాలలోకి చేరతాయి. వ్యవసాయ వ్యర్థాలు నీటి కాలుష్యానికి దారితీస్తాయి మరియు నీటి యొక్క పోషక స్థాయిలను పెంచుతాయి, ఇది పాచి పెరుగుదలకు దారితీస్తుంది.

- మురుగునీరు: మురుగునీటిలో మానవ మరియు పారిశ్రామిక వ్యర్థాలు ఉంటాయి. మురుగునీరు నదులు, చెరువులు మరియు భూగర్భ జలాలలోకి విడుదల చేయబడతాయి, మరియు ఇది నీటి కాలుష్యానికి మరియు జబ్బుల వ్యాప్తికి దారితీస్తుంది.

- నీటి లోకి చెత్త వేయడం: చెత్తను నదులు, చెరువులు మరియు ఇతర నీటి వనరులలోకి పారవేయడం నీటి కాలుష్యానికి దారితీస్తుంది. చెత్త నీటిలో కుళ్ళిపోయి, నీటి యొక్క ఆక్సిజన్ స్థాయిలను తగ్గిస్తుంది, ఇది చేపలు మరియు ఇతర జల జీవుల మరణానికి దారితీస్తుంది.

నీటి కాలుష్యం యొక్క ప్రభావాలు

నీటి కాలుష్యం మానవ ఆరోగ్యం, పర్యావరణం మరియు ఆర్థిక వ్యవస్థపై తీవ్రమైన ప్రభావాలను చూపుతుంది.

- మానవ ఆరోగ్యం: నీటి కాలుష్యం వల్ల వివిధ రకాల ఆరోగ్య సమస్యలు వస్తాయి, వీటిలో జీర్ణ సమస్యలు, చర్మ సమస్యలు, క్యాన్సర్ మరియు ఇతర తీవ్రమైన వ్యాధులు ఉన్నాయి.

- పర్యావరణం: నీటి కాలుష్యం నీటిలో ఆక్సిజన్ స్థాయిలను తగ్గిస్తుంది, ఇది చేపలు మరియు ఇతర జల జీవుల మరణానికి దారితీస్తుంది.

నీటి కాలుష్యం వనరులు

నీటి కాలుష్యం అనేది నీటిలోకి హానికరమైన పదార్థాలు ప్రవేశించడం వల్ల కలిగే ప్రక్రియ. ఇది నీటి నాణ్యతను తగ్గించి, మానవ ఆరోగ్యంపై ప్రభావం చూపుతుంది. నీటి కాలుష్యానికి అనేక కారణాలు ఉన్నాయి, అందులో కొన్ని:

- పారిశ్రామిక వ్యర్థాలు: పరిశ్రమలు వివిధ రకాలైన రసాయనాలు మరియు ఇతర వ్యర్థాలను ఉత్పత్తి చేస్తాయి, ఇవి నీటి వనరులలోకి ప్రవేశించి, వాటి నాణ్యతను తగ్గిస్తాయి.

- మునిసిపల్ వ్యర్థాలు: మునిసిపల్ వ్యర్థాలలో మురుగునీరు, ఘన వ్యర్థాలు మరియు ఇతర వ్యర్థాలు ఉంటాయి. ఇవి నీటి వనరులలోకి ప్రవేశించి, వాటిని కలుషితం చేస్తాయి.

- వ్యవసాయ కార్యకలాపాలు: వ్యవసాయ కార్యకలాపాలలో పురుగుమందులు, న除草 మందులు, ఎరువులు మొదలైన రసాయనాలను ఉపయోగిస్తారు. ఈ రసాయనాలు వర్షపునీటితో కలిసి నీటి వనరులలోకి ప్రవేశించి, వాటి నాణ్యతను తగ్గిస్తాయి.

- గృహ వ్యర్థాలు: గృహ వ్యర్థాలలో సబ్బులు, డిటర్జెంట్లు, నూనెలు, వంట గది వ్యర్థాలు మొదలైనవి ఉంటాయి. ఇవి నీటి వనరులలోకి ప్రవేశించి, వాటిని కలుషితం చేస్తాయి.

- పశువుల వ్యర్థాలు: పశువుల వ్యర్థాలలో మలం, మూత్రం మొదలైనవి ఉంటాయి. ఇవి నీటి వనరులలోకి ప్రవేశించి, వాటిని కలుషితం చేస్తాయి.

- ఆమ్ల వర్షం: ఆమ్ల వర్షం వాతావరణంలోకి విడుదలయ్యే సల్ఫర్ డయాక్సైడ్ మరియు నైట్రోజన్ ఆక్సైడ్ వాయువులతో కలిసిన వర్షం. ఇది నీటి వనరుల యొక్క pH స్థాయిని తగ్గించి, వాటిని కలుషితం చేస్తుంది.

- నీటిలోని చమురు కాలుష్యం: చమురు ట్యాంకర్లు, నదులలో నడపడం, నదులలో చమురు కాలువలను నిర్మించడం వల్ల నీటిలో చమురు కాలుష్యం సంభవిస్తుంది. ఇది నీటి వనరుల

యొక్క నాణ్యతను తగ్గించి, మానవ ఆరోగ్యంపై ప్రభావం చూపుతుంది.

* ప్లాస్టిక్ కాలుష్యం: ప్లాస్టిక్ కాలుష్యం నీటి కాలుష్యానికి మరో ముఖ్యమైన కారణం. ప్లాస్టిక్ వస్తువులు కూడా నీటి వనరులలోకి ప్రవేశించి, వాటిని కలుషితం చేస్తాయి.

నీటి కాలుష్యం మానవ ఆరోగ్యంపై తీవ్రమైన ప్రభావం చూపుతుంది. ఇది టైఫాయిడ్, కలరా, హెపటైటిస్, డయేరియా, ఆర్సెనిక్ విషం మొదలైన అనేక రకాల నీటి సంక్రమణ వ్యాధులకు కారణమవుతుంది.

నీటి కాలుష్యం మానవ ఆరోగ్యం మరియు పర్యావరణంపై ప్రభావాలు

నీటి కాలుష్యం అనేది నీటిలోకి హానికరమైన పదార్థాలను విడుదల చేయడం, ఇది దాని నాణ్యతను దెబ్బతీస్తుంది మరియు మానవ ఆరోగ్యం మరియు పర్యావరణానికి హాని కలిగిస్తుంది. నీటి కాలుష్యం యొక్క ప్రభావాలు వైరస్లు, బ్యాక్టీరియా, పరాన్నజీవులు, రసాయనాలు మరియు భారీ లోహల వంటి కలుషితాల రకం మరియు మొత్తంపై ఆధారపడి ఉంటాయి.

మానవ ఆరోగ్యంపై నీటి కాలుష్యం ప్రభావాలు

నీటి కాలుష్యం మానవ ఆరోగ్యాన్ని వివిధ మార్గాల్లో ప్రభావితం చేస్తుంది. కలుషిత నీటిని తాగడం, ఈత కొట్టడం, వంటకు లేదా త్రాగడానికి ఉపయోగించడం వల్ల అనేక రకాల అనారోగ్యాలు సంభవించవచ్చు. నీటి కాలుష్యం కారణంగా కలిగే కొన్ని సాధారణ అనారోగ్యాలు:

- జీర్ణ సమస్యలు: వైరస్లు, బ్యాక్టీరియా మరియు పరాన్నజీవులతో కలుషితమైన నీరు వివిధ రకాల జీర్ణ సమస్యలకు దారితీయవచ్చు, అనగా విరేచనాలు, వాంతులు, కడుపు నొప్పి మరియు అతిసారం.

- శౌచ్ సమస్యలు: కలుషిత నీటిలో ఈత కొట్టడం లేదా కడగడం వల్ల చర్మ సమస్యలు, అనగా దురద, చికాకు మరియు చర్మ వ్యాధులు సంభవించవచ్చు.

- క్యాన్సర్: కొన్ని నీటి కాలుషితాలు, అనగా ఆర్సెనిక్ మరియు క్రోమియం, క్యాన్సర్కు దారితీయవచ్చు.

- నరాల సమస్యలు: కొన్ని నీటి కాలుషితాలు, అనగా సీసం మరియు మెర్క్యూరీ, నరాల వ్యవస్థను దెబ్బతీస్తాయి మరియు IQ తగ్గడం, అభ్యాసంలో ఇబ్బంది మరియు అభివృద్ధిలో జాప్యం వంటి సమస్యలకు దారితీయవచ్చు.

- పిల్లల ఆరోగ్యంపై ప్రభావం: పిల్లలు నీటి కాలుష్యానికి ఎక్కువగా గురవుతారు, ఎందుకంటే వారి రోగనిరోధక శక్తి ఇంకా అభివృద్ధి

చెందుతోంది మరియు వారు నీటిని గ్రహించడానికి మరియు తొలగించడానికి ఎక్కువ నీటిని త్రాగుతారు. పిల్లల్లో నీటి కాలుష్యం వల్ల కలిగే అనారోగ్యాలు అతిసారం, న్యుమోనియా, పోషకాహార లోపం మరియు మానసిక అభివృద్ధిలో జాప్యం.

పర్యావరణంపై నీటి కాలుష్యం ప్రభావాలు

నీటి కాలుష్యం పర్యావరణంపై తీవ్రమైన ప్రభావాన్ని చూపుతుంది. కలుషిత నీరు నదులు, చెరువులు మరియు సముద్రాలలోకి ప్రవహించి, నీటి నాణ్యతను దెబ్బతీస్తుంది మరియు జల జీవులకు హాని కలిగిస్తుంది.

Chapter 4: Land Pollution

Chapter 4: నేల కాలుష్యం

నేల కాలుష్యం అనేది మట్టి లేదా నేల యొక్క సహజ రసాయన లేదా భౌతిక లక్షణాలలో మార్పు, ఇది మొక్కలు, జంతువులు మరియు మానవ ఆరోగ్యానికి హాని కలిగిస్తుంది. ఇది పారిశ్రామిక, వ్యవసాయ మరియు ఇతర మానవ కార్యకలాపాల ఫలితంగా సంభవించవచ్చు.

నేల కాలుష్యం యొక్క ప్రధాన కారణాలు:

- పారిశ్రామిక వ్యర్థాలు: పారిశ్రామిక కర్మాగారాలు విడుదల చేసే వ్యర్థాలు నేల కాలుష్యానికి ప్రధాన కారణాలలో ఒకటి. ఈ వ్యర్థాలు సాధారణంగా రసాయనాలు, లోహలు మరియు ఇతర విషపూరిత పదార్థాలను కలిగి ఉంటాయి.

- వ్యవసాయ రసాయనాలు: పురుగుమందులు, పురుగుమందులు మరియు ఎరువులు వంటి వ్యవసాయ రసాయనాలు కూడా నేల కాలుష్యానికి కారణమవుతాయి. ఈ రసాయనాలు నేలలోకి చేరి, మొక్కలు మరియు జంతువులకు హాని కలిగిస్తాయి.

- శిధిలాలు: ప్లాస్టిక్, లోహం మరియు ఇతర రకాల శిధిలాలను నేలలో పారవేయడం కూడా నేల కాలుష్యానికి దారితీస్తుంది. ఈ శిధిలాలు నేలలో విచ్చిన్నం కావు మరియు మొక్కలు మరియు జంతువులకు హాని కలిగిస్తాయి.

- గృహ వ్యర్థాలు: గృహ వ్యర్థాలను సరిగ్గా పారవేయకపోతే నేల కాలుష్యానికి దారితీయవచ్చు. గృహ వ్యర్థాలలో సాధారణంగా ఆహార పదార్థాలు, ప్లాస్టిక్, కాగితం మరియు ఇతర రకాల వ్యర్థాలు ఉంటాయి. ఈ వ్యర్థాలు నేలలో విచ్చిన్నం కావు మరియు నేల కాలుష్యానికి దారితీస్తాయి.

నేల కాలుష్యం యొక్క ప్రభావాలు:

- మానవ ఆరోగ్యం: నేల కాలుష్యం మానవ ఆరోగ్యానికి తీవ్రమైన ప్రభావాలను చూపుతుంది. నేలలోని విషపూరిత పదార్థాలు ఆహారం మరియు నీటి ద్వారా మానవ శరీరంపైకి చేరవచ్చు. ఇది వివిధ ఆరోగ్య సమస్యలకు దారితీయవచ్చు, అనగా క్యాన్సర్, శ్వాసకోశ సమస్యలు, నరాల సంబంధిత సమస్యలు మరియు జనన సమస్యలు.

- మొక్కలు మరియు జంతువులు: నేల కాలుష్యం మొక్కలు మరియు జంతువులకు కూడా హాని కలిగిస్తుంది. నేలలోని విషపూరిత పదార్థాలు మొక్కలు మరియు జంతువుల శరీరాలలో చేరి, వాటి పెరుగుదల, అభివృద్ధి మరియు పునరుత్పత్తిని ప్రభావితం చేస్తాయి.

- పర్యావరణ వ్యవస్థ: నేల కాలుష్యం పర్యావరణ వ్యవస్థకు కూడా హాని కలిగిస్తుంది.

భూమి కాలుష్యం యొక్క మూలాలు

భూమి కాలుష్యం అనేది భూమి యొక్క సహజ లక్షణాలలో మార్పులకు దారితీసే ఏదైనా పదార్థం లేదా శక్తి యొక్క ప్రవేశం లేదా ఏకీకరణ. ఇది పారిశ్రామిక, వ్యవసాయ, మరియు గృహ కార్యకలాపాల వల్ల సంభవిస్తుంది. భూమి కాలుష్యం మట్టి యొక్క సారాన్ని తగ్గించి, పంటల దిగుబడిని తగ్గించి, మానవ ఆరోగ్యాన్ని ప్రమాదంలో పడేస్తుంది.

భూమి కాలుష్యం యొక్క ప్రధాన మూలాలలో కొన్ని:

- పారిశ్రామిక వ్యర్థాలు: పారిశ్రామిక కార్యకలాపాలు వివిధ రకాల వ్యర్థాలను ఉత్పత్తి చేస్తాయి, ఇందులో రసాయనాలు, లోహాలు, మరియు పెట్రోలియం ఉత్పత్తులు ఉన్నాయి. ఈ వ్యర్థాలను సరిగ్గా నిర్వహించకపోతే, అవి భూమిలోకి చేరి దానిని కలుషితం చేస్తాయి.

- వ్యవసాయ రసాయనాలు: పురుగుమందులు, హెర్బిసైడ్లు, మరియు ఎరువులు వంటి వ్యవసాయ రసాయనాలు భూమి యొక్క సారాన్ని తగ్గించి, పంటల దిగుబడిని తగ్గించి, మానవ ఆరోగ్యాన్ని ప్రమాదంలో పడేస్తాయి.

- గృహ వ్యర్థాలు: గృహ వ్యర్థాలు, ముఖ్యంగా ప్లాస్టిక్ మరియు ఇతర బయోడ్గ్రేడబుల్ పదార్థాలు, భూమిని కలుషితం చేయవచ్చు. ఈ వ్యర్థాలు సరిగ్గా నిర్వహించకపోతే, అవి భూమిలోకి చేరి దానిని కలుషితం చేస్తాయి మరియు భూమి యొక్క సారాన్ని తగ్గిస్తాయి.

- మైనింగ్ కార్యకలాపాలు: మైనింగ్ కార్యకలాపాలు భారీ లోహాలు మరియు ఇతర రసాయనాలను భూమిలోకి విడుదల చేయవచ్చు. ఈ రసాయనాలు భూమిని కలుషితం చేయవచ్చు మరియు మానవ ఆరోగ్యానికి హానికరం.

- నీటి కాలుష్యం: నీటి కాలుష్యం కూడా భూమి కాలుష్యానికి దారితీయవచ్చు. కలుషిత నీరు భూమిలోకి చేరి, దానిని కలుషితం చేయవచ్చు.

భూమి కాలుష్యం యొక్క ప్రభావాలు

భూమి కాలుష్యం పర్యావరణానికి మరియు మానవ ఆరోగ్యానికి తీవ్రమైన ప్రభావాలను కలిగిస్తుంది. భూమి కాలుష్యం యొక్క కొన్ని ప్రధాన ప్రభావాలు:

- మట్టి యొక్క సారం తగ్గడం: భూమి కాలుష్యం మట్టి యొక్క సారాన్ని తగ్గించి, పంటల దిగుబడిని తగ్గిస్తుంది.

- భూగర్భ జలాల కాలుష్యం: భూమి కాలుష్యం భూగర్భ జలాలను కలుషితం చేయవచ్చు, ఇది మానవ వినియోగం కోసం సురక్షితం కాదు.

- మానవ ఆరోగ్యంపై ప్రభావాలు: భూమి కాలుష్యం మానవ ఆరోగ్యానికి తీవ్రమైన ప్రభావాలను కలిగిస్తుంది, ఇందులో క్యాన్సర్, నరాల వ్యవస్థ రుగ్మతలు, మరియు జనన లోపాలు ఉన్నాయి.

నేల కాలుష్యం - మానవ ఆరోగ్యం మరియు పర్యావరణంపై ప్రభావాలు

నేల కాలుష్యం అనేది నేల యొక్క సహజ లక్షణాలను దెబ్బతీసే మరియు దాని విధులను నిర్వహించకుండా చేసే ఏదైనా పదార్థం లేదా శక్తి యొక్క ప్రవేశం లేదా పరిచయం. ఇది పారిశ్రామిక వ్యర్థాలు, వ్యవసాయ రసాయనాలు, పురపాలక ఘన వ్యర్థాలు, నూనె మరియు గ్యాస్ పరిశ్రమల నుండి వచ్చే వ్యర్థాలు, అలాగే ప్రమాదకరమైన వ్యర్థాలను అనుచితంగా నిర్వహించడం వల్ల సంభవించవచ్చు.

నేల కాలుష్యం మానవ ఆరోగ్యం మరియు పర్యావరణంపై తీవ్రమైన ప్రభావాలను చూపుతుంది.

మానవ ఆరోగ్యంపై ప్రభావాలు:

- నేల కాలుష్యం వల్ల కలుషితమైన ధూళి, నీరు మరియు ఆహారం ద్వారా మానవులు కాలుషితాలకు గురవుతారు.

- నేల కాలుష్యం వల్ల కలిగే కొన్ని సాధారణ ఆరోగ్య సమస్యలు:

  - శ్వాస సంబంధిత సమస్యలు: ఆస్తమా, బ్రాంకైటిస్, న్యుమోనియా

  - క్యాన్సర్

  - అభివృద్ధి సంబంధిత సమస్యలు: బాలల శారీరక మరియు మానసిక అభివృద్ధిలో ఆలస్యం

  - నరాల సంబంధిత సమస్యలు: మెదడు మరియు నరాల వ్యవస్థలకు నష్టం

  - ప్ర reproductiveness issues: గర్భం దాల్చడం కష్టం, అకాల జననాలు, తక్కువ బరువుతో పుట్టిన పిల్లలు

- నేల కాలుష్యం వల్ల కలిగే ఆరోగ్య ప్రభావాలు పేదలు మరియు అంగవైకల్యం ఉన్న వ్యక్తులలో తీవ్రంగా ఉంటాయి.

పర్యావరణంపై ప్రభావాలు:

- నేల కాలుష్యం వల్ల నేల యొక్క సహజ సారం తగ్గి, పంట ఉత్పత్తి తగ్గుతుంది.

- నేల కాలుష్యం వల్ల నేలలోని సూక్ష్మజీవులు చనిపోతాయి, ఇవి నేల యొక్క ఆరోగ్యానికి చాలా ముఖ్యమైనవి.

- నేల కాలుష్యం వల్ల నేల యొక్క నీటి నిల్వ సామర్థ్యం తగ్గి, భూగర్భ జలాల కాలుష్యానికి దారితీస్తుంది.

- నేల కాలుష్యం వల్ల నేలలోని పోషకాలు కాలుషితమవుతాయి మరియు నీటిలోకి కలిసిపోతాయి, ఇది నీటి కాలుష్యానికి దారితీస్తుంది.

- నేల కాలుష్యం వల్ల పర్యావరణ వ్యవస్థల సమతుల్యత దెబ్బతింటుంది మరియు జీవవైవిధ్యం తగ్గుతుంది.

నేల కాలుష్యాన్ని నియంత్రించడానికి తీసుకోవలసిన చర్యలు:

- పారిశ్రామిక వ్యర్థాలను మరియు పురపాలక ఘన వ్యర్థాలను సరైన పద్ధతిలో నిర్వహించాలి.

నేల కాలుష్య నివారణ చర్యలు

నేల కాలుష్యం అనేది నేలలోకి విషపూరిత పదార్థాలు ప్రవేశించడం వల్ల సంభవించే ఒక రకమైన కాలుష్యం. ఇది సహజంగా గానీ, మానవ కార్యకలాపాల వల్ల గానీ సంభవించవచ్చు. నేల కాలుష్యం వల్ల నేల యొక్క సారం తగ్గడం, పంటల దిగుబడి తగ్గడం, భూగర్భ జలాలు కలుషితమవడం, మానవుల ఆరోగ్యానికి హాని కలుగుతుంది.

నేల కాలుష్య నివారణ చర్యలు:

- చెత్త నిర్వహణ: చెత్తను సేకరించి, శాస్త్రియ పద్ధతులలో పారవేయాలి. చెత్తను బహిరంగ ప్రదేశాల్లో పారవేయడం వల్ల నేల కాలుష్యం ఏర్పడుతుంది.

- పారిశ్రామిక వ్యర్థాల నిర్వహణ: పారిశ్రామిక వ్యర్థాలను శుద్ధి చేసి, పర్యావరణానికి హాని కలిగించకుండా పారవేయాలి. పారిశ్రామిక వ్యర్థాలను నేలలోకి విసర్జించడం వల్ల నేల కాలుష్యం ఏర్పడుతుంది.

- వ్యవసాయంలో రసాయనాల వినియోగం తగ్గించడం: రసాయన ఎరువులు, పురుగు మందులు, కలుపు మందుల వినియోగాన్ని తగ్గించి, సేంద్రియ వ్యవసాయాన్ని ప్రోత్సహించాలి. రసాయనాల వినియోగం వల్ల నేల కాలుష్యం ఏర్పడుతుంది.

- వనరుల పరిరక్షణ: అటవీ నిర్మూలనను అరికట్టి, అటవీ సంపదను పరిరక్షించాలి. అటవాలు నేలను కలుషితం కాకుండా కాపాడుతాయి.

- ప్రజల అవగాహన: నేల కాలుష్యం గురించి, దాని నివారణ చర్యల గురించి ప్రజలకు అవగాహన కల్పించాలి.

నేల కాలుష్య నివారణ చర్యలు తీసుకోవడం ద్వారా నేల యొక్క సారాన్ని కాపాడుకోవచ్చు, పంటల దిగుబడి పెంచుకోవచ్చు, భూగర్భ జలాల కాలుష్యాన్ని నివారించవచ్చు, మానవుల ఆరోగ్యాన్ని కాపాడుకోవచ్చు.

నేల కాలుష్య నివారణకు కొన్ని కీలక సూచనలు:

- చెత్తను తగ్గించండి, పునర్వినియోగించండి, రీసైకిల్ చేయండి: చెత్తను తగ్గించడం, పునర్వినియోగించడం, రీసైకిల్ చేయడం వల్ల నేల కాలుష్య నివారణకు సహాయపడుతుంది.

- సేంద్రియ ఎరువులు మరియు పురుగు మందులను ఉపయోగించండి: రసాయన ఎరువులు మరియు పురుగు మందులకు బదులు సేంద్రియ ఎరువులు మరియు పురుగు మందులను ఉపయోగించండి.

- వాహనానికి సర్వీస్ చేయండి: మీ వాహనానికి సక్రమంగా సర్వీస్ చేయండి, తద్వారా అది తక్కువ వాయు కాలుష్య కారకాలను విడుదల చేస్తుంది.

Chapter 5: Climate Change and Pollution
Chapter 5: వాతావరణ మార్పు మరియు కాలుష్యం

వాతావరణ కాలుష్యం మరియు వాతావరణ మార్పులు ప్రపంచాన్ని ఎదుర్కొంటున్న అతిపెద్ద సవాళ్లలో రెండు. ఈ రెండు సమస్యలు పరస్పరం అనుసంధానించబడి ఉన్నాయి మరియు వాటికి పరిష్కారాలు కనుగొనడం అత్యవసరం.

వాతావరణ కాలుష్యం అంటే ఏమిటి?

వాతావరణ కాలుష్యం అనేది గాలి, నీరు లేదా నేలలోకి విడుదల చేయబడిన హానికరమైన పదార్థాల ఉనికిని సూచిస్తుంది. ఈ పదార్థాలు వాతావరణం యొక్క సహజ రసాయన చక్రాలను అంతరాయం కలిగిస్తాయి మరియు మానవ ఆరోగ్యం మరియు పర్యావరణానికి హాని కలిగిస్తాయి.

వాతావరణ కాలుష్యానికి ప్రధాన కారణాలు:

- శిలాజ ఇంధనాల దహనం
- వాహనాల నుంచి వచ్చే ఉద్ధారాలు
- పారిశ్రామిక కార్యకలాపాలు
- అటవీ నిర్మూలన
- వ్యవసాయ కార్యకలాపాలు

వాతావరణ కాలుష్యం యొక్క ప్రభావాలు

వాతావరణ కాలుష్యం మానవ ఆరోగ్యం, పర్యావరణం మరియు ఆర్థిక వ్యవస్థపై ప్రతికూల ప్రభావాలను చూపుతుంది.

- మానవ ఆరోగ్యం: వాతావరణ కాలుష్యం శ్వాసకోశ, హృదయ, రక్తనాళ సంబంధిత మరియు క్యాన్సర్ వంటి అనేక రకాల అనారోగ్య సమస్యలకు కారణమవుతుంది.

- పర్యావరణం: వాతావరణ కాలుష్యం అవపాతంలో మార్పులు, భూమి ఆమ్లీకరణ, జీవవైవిధ్యం తగ్గడం మరియు జల వనరుల కాలుష్యానికి కారణమవుతుంది.

- ఆర్థిక వ్యవస్థ: వాతావరణ కాలుష్యం వల్ల వైద్య ఖర్చులు పెరుగుతాయి, పనితీరు తగ్గుతుంది మరియు పర్యాటక ఆదాయం తగ్గుతుంది.

వాతావరణ మార్పు అంటే ఏమిటి?

వాతావరణ మార్పు అనేది భూమి యొక్క వాతావరణంలో దీర్ఘకాలిక మార్పులను సూచిస్తుంది. ఈ మార్పులు సహజ కారణాల వల్లనో లేదా మానవ కార్యకలాపాల వల్లనో సంభవించవచ్చు.

వాతావరణ మార్పుకు ప్రధాన కారణాలు:

- శిలాజ ఇంధనాల దహనం వల్ల వాతావరణంలోకి గ్రీన్‌హౌస్ వాయువుల (GHG) విడుదల పెరుగుతుంది. ఈ వాయువులు భూమి నుండి పరారుణ రేడియేషన్‌ను తిరిగి వాతావరణంలోకి ప్రతిబింబిస్తాయి, దీంతో భూమి యొక్క ఉష్ణోగ్రత పెరుగుతుంది.

- అటవీ నిర్మూలన వల్ల వాతావరణంలోకి గ్రహించబడే కార్బన్ డయాక్సైడ్ మొత్తం తగ్గుతుంది.

- వ్యవసాయ కార్యకలాపాలు మరియు పారిశ్రామిక కార్యకలాపాల వల్ల వాతావరణంలోకి GHGల విడుదల పెరుగుతుంది.

వాతావరణ మార్పుల కారణాలు మరియు ప్రభావాలు

వాతావరణ మార్పులు అనేవి భూమి యొక్క వాతావరణంలో దీర్ఘకాలిక మార్పులు. ఈ మార్పులు సహజ కారణాల వల్ల సంభవించవచ్చు, కాని ఇటీవలి దశాబ్దాలలో, మానవ కార్యకలాపాలు వాతావరణ మార్పులకు ప్రధాన కారణంగా మారాయి.

వాతావరణ మార్పులకు ప్రధాన కారణాలు:

- 温室 వాయువుల ఉధ్గారాలు: గ్రీన్‌హౌస్ వాయువులు భూమి యొక్క వాతావరణంలోకి చేరే వాయువులు, ఇవి భూమి నుండి విడుదలయ్యే ఉష్ణోగ్రతను బంధిస్తాయి. ఈ వాయువులలో కార్బన్ డయాక్సైడ్, మీథేన్, నైట్రస్ ఆక్సైడ్ మరియు ఫ్లోరినేటెడ్ వాయువులు ఉన్నాయి. మానవ కార్యకలాపాలు, chẳng hạn గాను శిలాజ ఇంధనాలను కాల్చడం, అడవుల నరికివేత మరియు వ్యవసాయం, గ్రీన్‌హౌస్ వాయువుల ఉధ్గారాలను పెంచుతున్నాయి.

- అటవీ నిర్మూలన: అడవులు భూమి యొక్క వాతావరణ నుండి కార్బన్ డయాక్సైడ్‌ను గ్రహిస్తాయి మరియు ఆక్సిజన్‌ను విడుదల చేస్తాయి. అడవులను నరికివేయడం వల్ల భూమి యొక్క వాతావరణంలోని కార్బన్ డయాక్సైడ్ స్థాయిలు పెరుగుతాయి, ఇది వాతావరణ మార్పులకు దారితీస్తుంది.

- వ్యవసాయం: వ్యవసాయం కూడా గ్రీన్‌హౌస్ వాయువులను విడుదల చేస్తుంది. ఈ వాయువులలో మీథేన్ మరియు నైట్రస్ ఆక్సైడ్ ఉన్నాయి. వ్యవసాయ కార్యకలాపాలు, chẳng hạn గాను పశువుల పెంపకం, నత్రజని ఎరువుల వాడకం మరియు వరి పండించడం, ఈ వాయువుల ఉధ్గారాలను పెంచుతున్నాయి.

వాతావరణ మార్పుల ప్రభావాలు:

- సముద్ర మట్టాలు పెరుగుతున్నాయి: భూమి యొక్క వాతావరణం వేడెక్కినప్పుడు, మంచులోని నీరు వ్యాకోచిస్తుంది మరియు ఘనీభవిస్తుంది. ఇది సముద్ర మట్టాలు పెరగడానికి దారితీస్తుంది. సముద్ర మట్టాలు పెరగడం వల్ల తీర

ప్రాంతాలలోని నగరాలు మరియు గ్రామాలకు ముంపు ముప్పు ఉంటుంది.

- తీవ్రమైన వాతావరణ సంఘటనలు: వాతావరణ మార్పులు వల్ల తుఫానులు, వరదలు, కరువులు మరియు అగ్నిప్రమాదాలు వంటి తీవ్రమైన వాతావరణ సంఘటనలు పెరుగుతున్నాయి. ఈ సంఘటనలు ప్రజలు మరియు జంతువుల జీవితాలకు ముప్పుగా ఉంటాయి మరియు ఆర్థిక నష్టానికి కారణమవుతాయి.

- వ్యవసాయంపై ప్రభావం: వాతావరణ మార్పులు వల్ల వ్యవసాయ ఉత్పత్తి ప్రమాదంలో పడింది. అధిక ఉష్ణోగ్రతలు, వేరుశనగ వర్షాలు మరియు కరువులు పంట దిగుబడిని తగ్గించవచ్చు మరియు ఆహార భద్రతకు ముప్పుగా ఉంటాయి.

కాలానుగుణ మార్పు యొక్క కాలుష్యంపై ప్రభావం

కాలానుగుణ మార్పు అనేది భూమి యొక్క వాతావరణంలో దీర్ఘకాలిక మార్పులకు దారితీసే సహజ మరియు మానవ-ప్రేరిత ప్రక్రియల సంక్లిష్ట పరస్పర చర్య. ఈ మార్పులు ఉష్ణోగ్రత, అవపాతం, సముద్ర మట్టాలు మరియు వాతావరణ నమూనాలలో మార్పులు వంటివాటిని కలిగి ఉంటాయి.

కాలానుగుణ మార్పు కాలుష్యాన్ని వివిధ మార్గాల్లో ప్రభావితం చేస్తుంది. ఒక మార్గం అంటే ఉష్ణోగ్రత పెరగడంతో, కాలుష్య కణాలు మరింత ఎక్కువ సేపు వాతావరణంలో ఉండి, వాటి ప్రభావాన్ని పెంచుతాయి. ఉదాహరణకు, గ్రౌండ్-లెవల్ ఓజోన్ అనేది ఒక రకమైన కాలుష్య కారకం, ఇది శ్వాస ఆరోగ్యానికి హానికరం. ఓజోన్ ఏర్పడటానికి వేడి అవసరం, కాబట్టి ఉష్ణోగ్రత పెరగడంతో, ఓజోన్ మట్టాలు కూడా పెరుగుతాయి.

మరొక మార్గం అంటే కాలానుగుణ మార్పు తీవ్రమైన వాతావరణ సంఘటనల సంభవనను పెంచుతుంది, ఇది కాలుష్యాన్ని కూడా పెంచుతుంది. ఉదాహరణకు, కరువులు మరియు దుమ్ము తుఫానులు సులభంగా కాలుష్య కణాలను ఎగరవేసి, వాటిని వాతావరణంలోకి విడుదల చేస్తాయి. అదనంగా, అతివృష్టి మరియు వరదలు మురుగునీటి మరియు పారిశ్రామిక వ్యర్థాలను నదులు మరియు సరస్సులలోకి ప్రవహించేలా చేస్తాయి, ఇది నీటి కాలుష్యానికి దారితీస్తుంది.

కాలానుగుణ మార్పు కాలుష్యాన్ని పెంచడం వల్ల మానవ ఆరోగ్యంపై తీవ్రమైన ప్రభావాలు ఉంటాయి. కాలుష్యం శ్వాస, గుండె మరియు నరాల వ్యవస్థలకు హానికరం మరియు అనేక రకాల క్యాన్సర్లకు దారితీస్తుంది. కాలుష్యం ప్రభావాలు రెండు పెద్దవారిలో మరియు పిల్లలలో కనిపిస్తాయి, కానీ పిల్లలు, పెద్దవారు మరియు తక్కువ ఆదాయం ఉన్న వ్యక్తులు ఎక్కువ ప్రమాదంలో ఉంటారు.

కాలానుగుణ మార్పు కాలుష్యాన్ని ప్రభావితం చేసే కొన్ని ప్రధాన మార్గాలు ఇక్కడ ఉన్నాయి:

- ఉష్ణోగ్రత పెరుగుదల: ఉష్ణోగ్రత పెరగడంతో, కాలుష్య కణాలు మరింత ఎక్కువ సేపు వాతావరణంలో ఉండి, వాటి ప్రభావాన్ని పెంచుతాయి. ఉదాహరణకు, గ్రౌండ్-లెవల్ ఓజోన్ మరియు పార్టిక్యులేట్ మ్యాటర్ (PM2.5) వంటి కాలుష్య కారకాలకు ఉష్ణోగ్రత పెరుగుదలతో సంబంధం ఉన్నట్లు కనబరిచారు.

వాతావరణ మార్పు తగ్గింపు మరియు అనుసరణ వ్యూహాలు

వాతావరణ మార్పు అనేది మన గ్రహం యొక్క సహజ వైవిధ్యంతో వివరించలేని భూమి యొక్క వాతావరణంలో దీర్ఘకాలిక మార్పు. ఇది గ్రీన్‌హౌస్ వాయువుల (GHG) పెరుగుదల వల్ల సంభవిస్తుంది, ఇవి సౌరరేడియేషన్‌ను బంధించి, భూమి యొక్క ఉపరితలం మరియు దాని వాతావరణాన్ని వేడి చేస్తాయి. GHGలు ప్రకృతిలో సంభవిస్తాయి, కానీ మానవ కార్యకలాపాల వల్ల వాటి స్థాయిలు గణనీయంగా పెరిగాయి.

వాతావరణ మార్పు యొక్క ప్రభావాలు ఇప్పటికే ప్రపంచవ్యాప్తంగా అనుభూతి చెందుతున్నాయి. ప్రపంచ సగటు ఉష్ణోగ్రత 1880 నుండి 1.1 డిగ్రీల సెల్సియస్ పెరిగింది మరియు ఈ శతాబ్దం చివరి నాటికి 1.5 నుండి 5 డిగ్రీల సెల్సియస్ పెరిగే అవకాశం ఉంది. ఇంతటి పెరుగుదల సముద్ర మట్టాలు పెరగడం, తరచుగా మరియు తీవ్రమైన వాతావరణ సంఘటనలు, పంట పొలాల దిగుబడి తగ్గడం, జీవవైవిధ్య నష్టం మరియు ప్రజారోగ్య సమస్యలకు దారితీస్తుంది.

తెలంగాణ రాష్ట్రం వాతావరణ మార్పు ప్రభావాలకు అత్యంత దుర్బలంగా ఉంది. రాష్ట్రంలోని 80% కంటే ఎక్కువ వ్యవసాయంపై ఆధారపడి జీవిస్తున్నారు మరియు వాతావరణ మార్పు వల్ల పంట పొలాల దిగుబడి తగ్గడానికి దారితీస్తుంది. అదనంగా, తెలంగాణ రాష్ట్రంలో అనేక అడవులు మరియు జీవవైవిధ్యం ఉన్నాయి, అవి వాతావరణ మార్పు వల్ల ప్రతికూలంగా ప్రభావితమవుతాయి.

వాతావరణ మార్పు ప్రభావాలను తగ్గించడానికి మరియు వాటికి అనుగుణంగా ఉండటానికి తెలంగాణ రాష్ట్రం తీసుకోవలసిన కొన్ని వ్యూహాలు ఇక్కడ ఉన్నాయి:

- వాతావరణ మార్పు తగ్గింపు వ్యూహాలు:

    - పునరుత్పాదక ఇంధన వనరులకు మారడం, సౌర మరియు పవన శక్తి వంటివి.

- శక్తి సామర్థ్యం మెరుగుదల చర్యలు తీసుకోవడం, LED బల్బులు వాడడం మరియు ఎయిర్ కండిషనర్లు మరియు రిఫ్రిజిరేటర్లు వంటి ఉపకరణాలను సమర్థవంతంగా ఉపయోగించడం వంటివి.

- రవాణా రంగంలో విద్యుత్ వాహనాలను ప్రోత్సహించడం.

- అడవుల పెంపకం మరియు పరిరక్షణ.

- వ్యవసాయ రంగంలో స్థితిస్థాపక వ్యవసాయ పద్ధతులను ప్రోత్సహించడం.

Printed in the USA
CPSIA information can be obtained
at www.ICGtesting.com
LVHW022257290524
781384LV00011B/476